Sieglinde Holl

Riesenfensterbilder zu Ostern

Aus 80 Einzelteilen spielerisch zusammensetzen
Mit Vorlagen in Originalgröße

Augustus Verlag

Deutsche Bibliothek – CIP-Einheitsaufnahme

Riesenfensterbilder zu Ostern : aus 80 Einzelteilen spielerisch zusammensetzen ; mit Vorlagen in Originalgrösse /
Sieglinde Holl. – Augsburg : Augustus-Verl., 1996
ISBN 3-8043-0405-2

Zeichnungen: Richard Knecht
Fotografie: Klaus Lipa, Augsburg
Lektorat: Elisabeth Namiri, Augsburg
Umschlaggestaltung: Christa Manner, München
Layout: Bernd Walser, München

AUGUSTUS VERLAG AUGSBURG 1996

Satz: Gesetzt aus Americana bei Bernd Walser Buchproduktion, München
Reproduktion: Color Line, Verona
Druck und Bindung: Appl, Wemding
Gedruckt auf 120 g/m2 elementar chlorfrei gebleichtes Papier
ISBN 3-8043-0405-2
Printed in Germany

Vorwort

Bald ist Ostern! Ein Hauch Frühling liegt in der Luft – und Sie möchten vielleicht Ihre Fenster mit österlichen Motiven schmücken, und wissen nur nicht wie...

Dieses Buch hilft Ihnen dabei. Mit einer ganzen Reihe von beliebig miteinander kombinierbaren Einzelmotiven sind Ihrer Kreativität keine Grenzen gesetzt. Sie müssen nur anfangen.

Buntbemalte Ostereier, Häschen, die im Gras hoppeln und eine Gänsefamilie, die vorüberwatschelt, Vögel, die einen Baum umschwirren, Schmetterlinge auf einer Blumenwiese, Frösche, die ein Schwätzchen halten, eine Beine, die sich auf einer Blüte niederläßt – dies alles läßt sich harmonisch zu unterschiedlich großen Fensterbildern zusammensetzen. Lesen Sie sich die nachfolgenden Kapitel bitte aufmerksam durch.

Ab Seite 29 finden Sie einige Vorschläge, die Ihnen als Anregung dienen sollen. Ich wünsche Ihnen eine Menge guter Einfälle und viel Spaß beim Nacharbeiten oder bei der Schöpfung neuer Bilder, die sich auch sehr gut zu Wandbildern zusammenstellen lassen.

Ihre

Sieglinde Holl

Material und Werkzeuge

- Tonkarton und Tonpapier in verschiedenen Farben.
- Transparentpapier, Bleistift (HB), doppelseitiges Klebeband oder Büroklammern sowie ein Bürotacker zur Motivübertragung bzw. Herstellung einer Schablone.
- Weicher Radiergummi, um gegebenenfalls Linien auszubessern.
- Locher zum Ausstanzen von Punkten aus Tonkarton.
- Schneidunterlage: Glasplatte (alter Bilderrahmen), Linoleum (Bodenbelagrest) oder dickerer Karton (Zeichenblock). Neuerdings werden auch fertige Schneidunterlagen in 3 mm Dicke und verschiedenen Größen angeboten (Bastelgeschäft).
- Cutter, Silhouetten- oder Nagelschere.
- Tropffreier Klebstoff.
- Filzstifte in allen Farben, weißer Lackstift.

So wird's gemacht

- Übertragen Sie mit Hilfe von Transparentpapier das Motiv vom Vorlagenbogen auf den Tonkarton oder das Tonpapier. Zeichnen Sie dazu die Linien vom Vorlagenbogen auf das Transparentpapier mit einem weichen Bleistift durch.
- Befestigen Sie dann das Transparentpapier mit dem übertragenen Motiv mittels doppelseitigem Klebeband oder Büroklammern auf dem Tonkarton bzw. dem Tonpapier.
- Jetzt werden die Linien nachgezogen, damit sie sich in den Tonkarton bzw. das Tonpapier drücken.
- Schneiden Sie mit einer Schere das Motiv grob aus. Das erleichtert Ihnen die Arbeit. Anschließend schneiden Sie mit dem Cutter die Konturen exakt nach.
  Eine gute Schneidunterlage hilft Ihnen dabei, da das Motiv darauf sehr sauber und randscharf ausgeschnitten werden kann. Bei einem Karton müssen Sie aufpassen, daß der Cutter nicht von einer alten Schneidspur abgelenkt wird.
  Werden die Schnitte nicht mehr glatt, ist die Klinge stumpf und muß ausgewechselt werden. Halten Sie den Cutter locker wie einen Füllfederhalter, und schneiden Sie zügig darauf los. Für die Rundungen nehmen Sie am besten eine Silhouetten- oder Nagelschere.
- Sie können die Motive auch doppelt arbeiten, damit sie von beiden Seiten gleich gut aussehen. In diesem Fall nehmen Sie das dünnere Tonpapier und heften, bevor Sie das Motiv vom Transparentpapier übertragen, 2 Bogen mit einem Bürotakker zusammen; es läßt sich in doppelter Ausführung besser schneiden als der festere Tonkarton.
- Kleben Sie nun die ausgeschnittenen Einzelteile der Anleitung entsprechend zusammen und vervollständigen Sie das Motiv gegebenenfalls mit Filz- oder Lackstift.

So fertigen Sie eine Schablone

Die Herstellung einer Schablone ist dann sinnvoll, wenn Sie ein Einzelmotiv gleich mehrfach verwenden wollen. Übertragen Sie dazu mit Hilfe von Transparentpapier die Umrißlinien vom Vorlagenbogen auf Tonkarton und schneiden Sie das durchgepauste Motiv exakt aus. Die Umrisse dieser Schablone werden dann, mit einem spitzen Bleistift, auf den entsprechenden Tonkarton übertragen.

Es kann losgehen

Auf den folgenden Seiten finden Sie rund 30 Einzelmotive in vielen Varianten, die Sie Ihren Vorstellungen entsprechend miteinander kombinieren können. Gehen Sie vor wie im Kapitel »So wird's gemacht« (Seite 6) beschrieben. Mein Vorschlag:
Stellen Sie sich von den Motiven, die Ihnen am besten gefallen, Schablonen her und »spielen« Sie damit. Sie können sich immer neue Varianten ausdenken. Selbstverständlich können Sie die Farben wählen, die Ihnen am besten gefallen. Besonderheiten, die bei der Herstellung der einzelnen Motive zu beachten sind, werden auf den jeweiligen Seiten kurz erklärt.

So kommen die Riesenfensterbilder ans Fenster

Am besten sieht es aus, wenn alle Motive so angefertigt sind, daß sie auf beiden Seiten gleich schön aussehen. Fensterbilder, die aus vielen Teilen zusammengesetzt sind, werden nicht an Fäden ans Fenster gehängt, sondern mit doppelseitigem Klebeband an der Scheibe befestigt. Diese Klebebänder gibt es heute auch in einer durchscheinenden Form, die auch als Foto- oder Filmbänder verkauft werden.
Am besten gehen Sie so vor: Stellen Sie das Motiv als Ganzes zusammen. Dann beginnen Sie mit dem Aufkleben. Die großen Motive werden mit zwei oder mehreren Bandabschnitten befestigt, da sie schwerer sind und leicht abfallen können. Die günstigsten Befestigungspunkte müssen Sie ausprobieren. Beim Hasen ist es z. B. ein Bandabschnitt an jedem Ohr und jeweils an einem Fuß. Für kleinere Motive reicht ein Bandstück, das Sie in der Mitte des Motivs auf der dem Fenster zugewandten Seite anbringen. Wenn Sie im Zimmer eine ganze Wand damit ausschmücken wollen, befestigen Sie zuerst den Hintergrund aus Tonkarton an der Wand und darauf die einzelnen Motive mit doppelseitigem Klebeband. So können Sie auch Bilder zusammenstellen, die Sie unter Glas mit oder ohne Rahmen aufhängen können.

Wolken

Tonkarton
weiß, rosa, dunkelgrau

Bei diesem Motiv bietet sich die Herstellung einer Schablone geradezu an. Nehmen Sie bei größeren Wolkenansammlungen die kleinen Wolken als Vordergrund, die großen als Hintergrund.
Dadurch entsteht der Eindruck atmosphärischer Dichte.
Eine dunkelgraue Gewitterwolke zwischen Weiß und Rosa wirkt reizvoll.

Grasflecken

Tonkarton
grasgrün, hellgrün, tropicgrün

Schneiden Sie die Grasspitzen von innen nach außen aus, um Schnitte in das Motiv zu vermeiden. Wenn Sie bei den in der Vorlage noch mittelgroßen, rechteckigen Grasflecken zuerst die äußere Kontur wegschneiden und dann die innere, erhalten Sie zwei Grasteile; Sie haben sich dann einen Arbeitsgang gespart.

Sonne

Tonkarton sonnengelb
Filzstift orange

Auch die Sonnenstrahlen schneiden Sie von innen nach außen aus, um Schnitte in das Motiv zu vermeiden. Das Gesicht und die Haarlocke werden mit orangefarbenem Filzstift aufgemalt.

Palmkätzchen-baum

Tonkarton mittelbraun, hellgrau, hellgrün

Schneiden Sie den Baumstamm mit dem Cutter, die kleinen Teile mit der Schere aus, und zwar zuerst die eine Baumstammseite, dann die andere. Halten Sie den Baum während des Schneidens mit einer Hand gut fest, damit er nicht verrutscht. Kleben Sie zum Schluß die Palmkätzchen auf.

Veilchen

Tonkarton lila, dunkelgrün
Filzstift gelb

Zum Ausschneiden der Veilchen eignet sich eine gebogene Schere besonders gut. Malen Sie die Blütenstempel mit Filzstift auf und kleben Sie Blüten und Knospen auf die Stengel.

Grasinsel mit Blüten

Tonkarton grün, weiß
Filzstift orange

Malen Sie mit Filzstift die Blütenstempel auf und kleben Sie die Blüten auf die Grasinsel.

Krokus

Tonkarton
orange, pink, hellblau, grün

Fertigen Sie am besten Schablonen der einzelnen Krokusblüten an, wenn Sie diese mehrfach verwenden wollen.
Wie Sie eine Schablone herstellen, lesen Sie auf Seite 7.
Kleben Sie die Blüten hinter das Grasteil.

Bauernbübchen

Tonkarton
blau, grün

Kleben Sie die Blütenköpfe auf die Stengel. Sie können zu der Fünfergruppe auch noch eine Dreiergruppe fertigen, indem Sie die Fünfergruppe an der gepunkteten Linie trennen.

Narzissen

Tonkarton gelb, orange, grün

Fertigen Sie auch hier Schablonen der einzelnen Narzissenblüten an. Kleben Sie das Glockenteil auf die Blüte und beides zusammen auf den Stengel. Wenn Sie die Blüten seitenverkehrt aufkleben, erhalten sie wieder ein anderes Gesicht.

Tulpen

Tonkarton rot, grün
Filzstift braun

Auch bei den Tulpen empfiehlt sich die Herstellung einer Schablone, und zwar von Blatt und Blüte. Malen Sie die Blütenstempel mit braunem Filzstift aus.

Schlüsselblumen

Tonkarton grün, gelb
Filzstift rot

Kleben Sie die Blütenköpfe auf die Stiele und malen Sie den Blütenstempel mit rotem Filzstift auf. Wenn Sie zu der dreiköpfigen Schlüsselblume noch eine zweiköpfige machen wollen, lassen Sie den gepunkteten Teil einfach weg.

Leiterwagen, Schubkarre, Tragekorb

Tonkarton hellblau, gelb, rot, rehbraun, dunkelblau

Nach dem Ausschneiden mit dem Cutter oder der Schere werden die Einzelteile – Eier, Räder und Radnaben – von vorne aufgeklebt. Die Eier schauen dabei halb aus dem Wagen bzw. dem Korb heraus.

Gänseküken

Tonkarton
sonnengelb, orange, chamois
Filzstift schwarz
Lackstift weiß

Kleben Sie auf den Körper Schnabel, Flügel und Füße. Auge und Schnabelöffnung werden mit schwarzem Filzstift aufgemalt, das Augenlicht mit weißem Lackstift eingezeichnet.

Hasenfamilie

Tonkarton mittelbraun,
rehbraun, beige
Filzstift schwarz, braun, rot
Lackstift weiß

Kleben Sie auf den Hasenkörper die Pfoten und den Schwanz, auf den Kopf die Innenohren und die hellen Gesichtsteile. Malen Sie mit schwarzem Filzstift die Augen, mit braunem Filzstift die Augenbrauen, Körperfalten und Ohrumrandungen. Die Maulöffnung ist rot eingezeichnet, das Augenlicht mit weißem Lackstift aufgemalt.

Gänseschar

Tonkarton weiß, orange
Filzstift schwarz
Lackstift weiß

Kleben Sie auf den Gänsekörper Schnabel, Flügel und Füße. Auge und Schnabelöffnung werden mit schwarzem Filzstift aufgemalt, das Augenlicht mit weißem Lackstift eingezeichnet. Mit Hilfe von Schablonen können Sie eine ganze Gänseschar herstellen.

Der stehende Hasenjunge

Tonkarton hellbraun,
beige, rot, hellblau, blaugrün
Filzstift schwarz
Lackstift weiß

Auf das Hosenteil kleben Sie die Hemdteile mit Hand und das Halstuch, auf den Kopf das Innenohr und die Barthaare. Schwanz und Füße werden von vorne angeklebt. Wenn Sie das zweite Hosenbein ebenfalls ausschneiden und von hinten ankleben, sieht es aus, als ob der Hasenjunge schreitet. Lassen Sie das zweite Hosenbein weg, so steht er. Auge, Braue und Nase werden mit schwarzem Filzstift, das Augenlicht mit weißem Lackstift aufgemalt.

Das stehende Hasenmädchen

Tonkarton rot, weiß,
hellbraun, mittelbraun, beige,
Filzstift rot, schwarz
Lackstift weiß

Passend zum Hasenjungen gibt es natürlich auch ein Hasenmädchen. Auf das Kleid kleben Sie Kopf, Kragen, die Ärmel mit Hand, Rüsche und Füße, auf den Kopf Innenohr, Haare und Haarschleife. Mit schwarzem Filzstift werden die Augen und die Nase aufgemalt, mit rotem Filzstift die Wangen und mit weißem Lackstift das Augenlicht. Arbeiten Sie das Hasenmädchen von beiden Seiten gleich; nur den Arm kleben Sie auf der einen Seite herabhängend und auf der anderen Seite nach vorne gestreckt auf.

Der sitzende Hasenjunge

Tonkarton hellbraun, beige, schwarz, blau, weiß
Filzstift schwarz, rot
Lackstift weiß

Auf das Hosenteil kleben Sie Schwanz, Fuß, Hemd und Weste. Kopf und Hand werden von hinten an das Hemd geklebt. Auf den Kopf kleben Sie Barthaare, Hut und Innenohr. Auge, Braue, Nase und Hemdschleife werden mit schwarzem Filzstift aufgemalt, der Kragenrand mit rotem Filzstift und das Augenlicht mit weißem Lackstift. Fertig ist der Hasenjunge.

Das sitzende Hasenmädchen

Tonkarton hellbraun, mittelbraun, beige, weiß, rosa
Filzstift schwarz, rot
Lackstift weiß

Auf das Kleid kleben Sie den Kopf, Kragen, Arm, Ärmel, die Schürze und den Fuß, auf den Kopf Innenohr, Haare und Hut. Mit schwarzem Filzstift werden die Augen und die Nase aufgemalt, mit rotem Filzstift die Wangen und mit weißem Lackstift das Augenlicht. Arbeiten Sie das Hasenmädchen von beiden Seiten gleich. Dann freut sich auch der Betrachter von außen.

Schmetterlinge

Tonkarton gelb, braun, hellbraun, chamois, lila, weiß
Filzstift schwarz, braun, hellblau, rot, orange

Schmetterlinge verleihen jedem Fensterbild Leichtigkeit und Anmut. Kleben Sie die Körper auf die Flügelteile und malen Sie die Körpermuster mit Filzstift auf. Bei den lila-weißen Schmetterlingen kleben Sie die lilafarbene Körperform auf die weiße Körperform und zeichnen mit schwarzem Filzstift die Flügelränder, Augen und Fühler ein.

Vögel

Tonkarton sonnengelb, mittelbraun, blau, grau, rosa, schwarz
Filzstift schwarz, braun
Lackstift weiß

Kleben Sie auf den Vogelkörper die Flügel und den Schwanz, auf den Kopf die Gesichtsteile und den Schnabel. Malen Sie die Augen und die Schnabelöffnung mit schwarzem Filzstift, die Füße mit braunem Filzstift und das Augenlicht mit weißem Lackstift auf.

Frösche

Tonkarton grasgrün, hellgrün, elfenbein, rosa
Filzstift schwarz
Lackstift weiß

Kleben Sie den Bauch und die Beine auf den Froschkörper. Augen, Maul und Körperfalten sind mit schwarzem Filzstift eingezeichnet, das Augenlicht mit weißem Lackstift aufgemalt. Die Maulöffnung besteht aus rosa Tonkarton. Das Froschkonzert kann beginnen.

Biene

Tonkarton grau,
schwarz, orange, gelb
Lackstift weiß

Kleben Sie Flügel und Muster auf den Körper und malen Sie mit weißem Lackstift das Auge auf. Als Vorbote des Sommers ist unsere Biene ein beliebtes Motiv.

Marienkäfer

Tonkarton rot
Filzstift schwarz
Lackstift weiß

Malen Sie mit schwarzem Filzstift Kopf, Fühler und Punkte auf. Die Augen werden mit weißem Lackstift eingezeichnet. Wenn Marienkäfer über die Wiese krabbeln, ist der Sommer nicht weit.

Ei mit Schleife, Eier mit Punkten und bemalte Eier

Tonkarton dunkelrot, dunkelblau, hellblau, gelb
Filzstift rot, grün
Locher

Kleben Sie die Schleife auf das große Ei. Bemalen Sie mit Filzstift die gestreiften Eier. Für die gepunkteten Eier stanzen Sie mit dem Locher Punkte aus gelbem und hellblauem Tonkarton und kleben sie auf die Eier; ein Ei erhält weniger Punkte als die anderen, da es noch nicht fertig bemalt ist. Sollten Sie sich für andere Farben entscheiden, dann wählen Sie auf jeden Fall solche, die kontrastieren. Es sieht pfiffiger aus.

Farbeimer und Pinsel

Tonkarton dunkelbraun, schwarz, hellblau, gelb, grau
Filzstift schwarz

Kleben Sie die Farbe auf die Eimer und malen Sie mit schwarzem Filzstift den Eimerrand auf. Auf den Pinselstiel kleben Sie die Haare und die Farbe.

Beim Zusammensetzen der Riesenfensterbilder kann man seiner Phantasie freien Lauf lassen. Es ist aber hilfreich, wenn man sich einige Gestaltungsregeln schafft und vielleicht danach vorgeht.
Hier einige Stichworte dazu: Hochformat, Querformat, Schwerpunkt bilden, Gegenpole schaffen, Reihung gleicher Elemente, nur Hasen, nur Tiere, nur Pflanzen und Blüten usw., usw.
Es kann aber auch Spaß machen, wenn man einfach darauf los arbeitet.

Galerie der schönsten Riesenfensterbilder

EBzimmer

Sabrina

So einfach ist das:
eine Grasinsel mit aufgereihten Tulpen und ein Frosch
in Gesellschaft zweier Marienkäfer.

Das ist wohl eine Art
Häschenschule!

Tulpenparade.

Familiäres Zwiegespräch.

Ich bin von Kopf bis Fuß auf Tiere eingestellt …

»Sei schön brav!« sagt Mama Hase und Mama Gans wohl auch.